安全连着你我他

安全用电防事故

中国电力科学研究院有限公司
国家电网反窃电技术研究中心 组编

内容提要

随着社会经济的发展和电力科学技术的进步，安全用电知识也在不断更新，普及公众安全用电知识、提高公众用电安全意识，须与时俱进、常抓不懈。

本书是丛书《安全连着你我他》的一个分册，主要介绍了认识电、室内安全用电、室外安全用电、屋顶安全用电，以及出行安全用电。

本书以图文并茂的形式、通俗易懂的文字、丰富实用的内容，为公众解读了安全用电的相关知识。本书可供社区居民借鉴使用，也可以作为中小学生开展安全知识普及宣传用书。

图书在版编目（CIP）数据

安全连着你我他．安全用电防事故 / 中国电力科学研究院有限公司，国家电网反窃电技术研究中心组编．—北京：中国电力出版社，2024.6

ISBN 978-7-5198-8880-0

Ⅰ．①安…　Ⅱ．①中…②国…　Ⅲ．①安全用电－普及读物　Ⅳ．①TM-49

中国国家版本馆 CIP 数据核字（2024）第 089672 号

出版发行：中国电力出版社
地　　址：北京市东城区北京站西街 19 号（邮政编码 100005）
网　　址：http://www.cepp.sgcc.com.cn
责任编辑：崔素媛（010-63412392）
责任校对：黄　蓓　朱丽芳
装帧设计：赵丽媛
责任印制：杨晓东

印　　刷：三河市万龙印装有限公司
版　　次：2024 年 6 月第一版
印　　次：2024 年 6 月北京第一次印刷
开　　本：710 毫米 ×1000 毫米　16 开本
印　　张：2.5
字　　数：28 千字
定　　价：25.00 元

编 委 会

主　编　卢和平

副主编　张蓬鹤　郜　波　陈　昊　薛　阳

参　编　龙　跃　于　浩　陈敢超　吴忠强　张　腾　顾阔军

陈　亨　夏泽举　徐　佳　秦译为　杨艺宁　宋如楠

杨　柳　王　聪　王璧成　任　毅　王加英　古海林

冯仕煜　李彦雷　王白根　杜思远　苏文涛　廖健辉

赵佳俊　陆可欣　陈淯帅　王柯梦　李庆贺

前言

电能是企业生产、社会生活使用最为广泛的能源之一，给人们生产生活带来了便捷，同时用电安全也关乎着经济社会的发展和人民群众生命财产的安全。近年来，随着新能源汽车充电、分布式光伏发电等新兴用电场景不断涌现，潜在的用电安全风险愈发不容忽视，广大公众对用电安全知识的渴求与日俱增，因此亟需开展高质量的用电安全科普工作帮助公众提升用电安全意识，构筑全社会共治共享的安全用电环境。

《安全连着你我他》科普丛书讲述的是与人们生活息息相关的用电安全常识和科学防护措施。本书通过生动有趣的卡通形象和直观易懂的讲述，旨在提高读者的阅读兴趣，使得科普知识更易被吸收和理解，用电安全指导更加可行和有效。

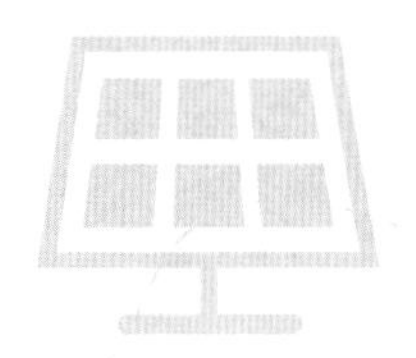

本科普丛书由中国电力科学研究院有限公司/国家电网反窃电技术研究中心、中国电机工程学会供用电安全技术专委会联合众多科研专家及一线工作人员共同编写，编写团队具有丰富的科学研究和现场检查经验及隐患分析能力，具备良好的科普作品编写基础。同时，国网重庆电力、国网浙江电力、国网安徽电力、国网四川电力、国网福建电力、国网江苏电力、国网北京电力、国网上海电力、国网河南电力、北京合众伟奇科技股份有限公司等多家单位的专家提供了宝贵资料和技术支持，湖南大学、华北电力大学、西安交通大学等高校教授给出了专业的指导建议以确保内容的可靠性并富含教育意义，国家电网有限公司营销部对丛书出版给予了大力支持，在此一并表示感谢。

本分册围绕电气事故防护主题，对室内居民生活用电场景、室外各行业用电场景、屋顶光伏发电场景及电动车充用电场景的安全防护知识内容进行了科学、全面、系统地介绍，客观真实地反映了各类场景下用电安全防护的重要性，增强了读者对电气安全防护的认识，具有较好的技术性、专业性和指导性。

作者

2024 年 5 月

目　录

一、认识电

电是什么

生活中电无处不在，手机、电灯、冰箱、空调等都需要电力来驱动，摩擦起电和静电感应是我们众所周知的现象，雷雨天还能看到闪电，那么到底什么是电呢？

雷电

静电感应

摩擦起电

电是一种自然现象，它指的是静止或移动的电荷所产生的物理现象。人不能直观地看到电的存在。我们可以把电与水做类比。电流就像水流一样流动，电压就好比水压，如果想让水从低处流向高处，就得让水在管道里承受水压，通过水泵增压克服水的重力，这样才能使水流向高处。同理电流也是这样，它不受重力的影响，但在导体中流动，需要克服导体中的阻力（即电阻），从电势低的地方流向电势高的地方。

电从哪里来

电能的生产即发电，生产电能的工厂就是发电厂。我们生活中使用的电，也就是电能，都是发电厂通过转化能源生产出来的。常见的发电形式包括火力发电、水力发电、核能发电等传统发电，以及风

力发电、太阳能发电、生物质能发电、潮汐发电、地热能发电等新能源发电。发电厂的核心设备是发电机，发电机可以将其他形式的能源转换成电能，它由水轮机、汽轮机、柴油机或其他动力机械驱动，将水流、气流、燃料燃烧或原子核裂变产生的能量转化为机械能传给发电机，再由发电机转换为电能。

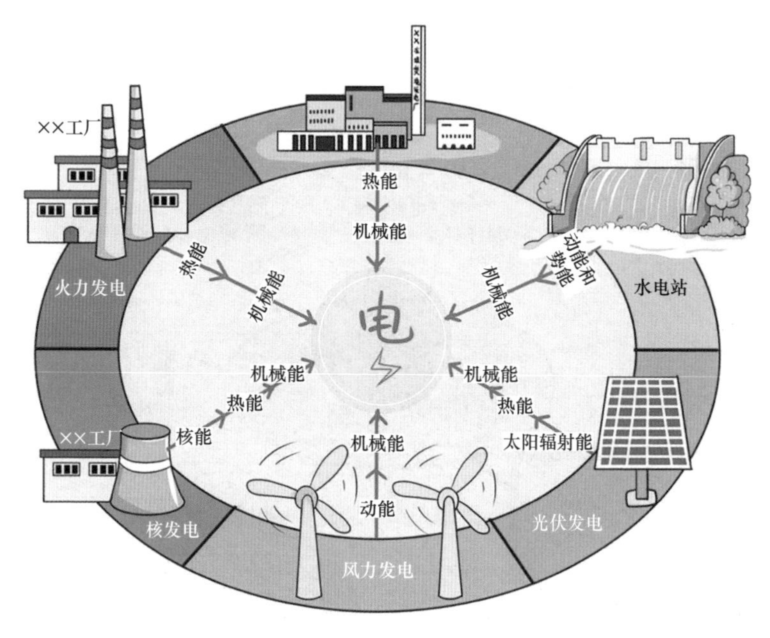

电从哪里来

电能做什么

电是能量的一种形式，它可以转化为光能、动能、磁能、热能等形式的能来为我们的生产生活服务。

知识链接

1 千瓦·时（即 1 度电）电有多大能耐，你知道吗？

1 千瓦·时能做什么

二、室内安全用电

室内布线与安全用电

室内布线和电路改造是家庭装修中的重点工程，关系到未来人们入住后的生活质量和安全水平。

◎ **使用阻燃电线**

现代家庭的家用电器越来越多，用电负荷越来越大，电线的负载也就越来越重，一旦发生过负荷，很容易过热引发火灾事故。如果预算充足，阻燃电线可以更安全地满足家庭用电的需要。即使发生火灾时，阻燃电线也可以有效控制火势的蔓延，避免电线周围的易燃物着火造成更大损失，也为人们疏散争取了更多的时间。

阻燃电线的绝缘和外护套常用的阻燃材料包括氯化聚氯乙烯、交联聚乙烯和硅橡胶等。这些材料在高温下不易燃烧，可以在一定程度上阻止火焰的蔓延。阻燃电线还具备良好的耐温性能，能够在较高的温度下保持物理和化学性能的稳定，这意味着它们在火灾发生时不会轻易断裂，能够维持电路的完整性，为救援赢得宝贵时间。

在人员密集、通风不畅的区域，还会使用具有抑烟和低卤特性（高毒性卤素含量低）的阻燃电线，这些电线在燃烧时产生的烟雾少且无害，不会释放危险的气体，能对逃生和火灾救援的可见度及安全性提供保障。

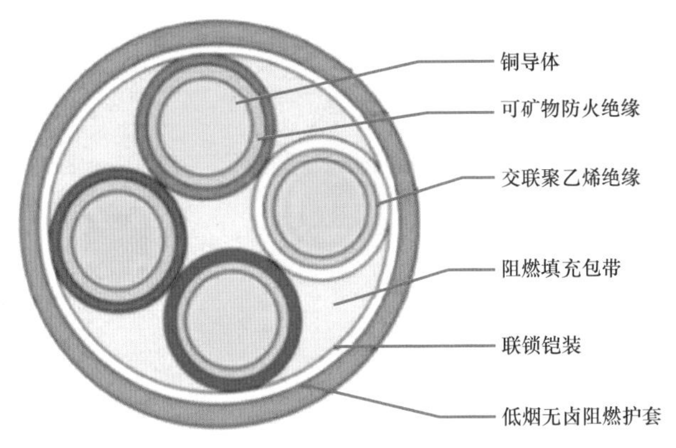

阻燃电线结构示意图

◎ 合理选择入户总空气开关

家庭用电负荷或总开关容量，如果计算小了，可能会经常发生跳闸、一些后续添置的家用电器没法正常使用；如果计算大了，可能会造成线路过载时，不能及时跳闸。因此必须正确选择家庭用电总开关容量。

入户总开关容量可以参照电能表容量选择，通常一般家用电能表最大电流为 60 安，因此总开关对应选择 60 安左右即可。

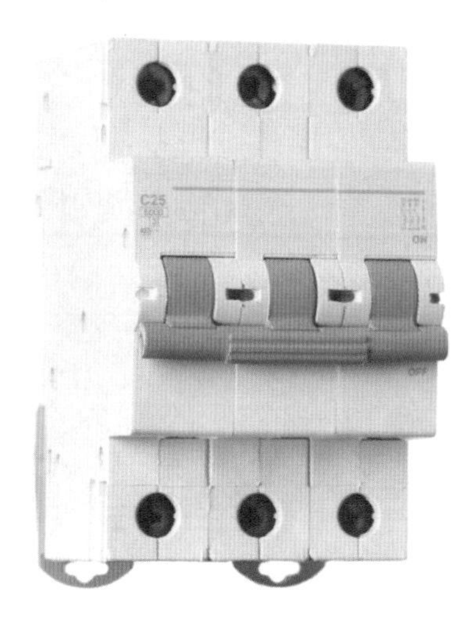

入户总开关

◎ 规范使用插座

选用符合国家标准的插座产品。使用大功率用电器时要避免“一插多用”和“插座级联”，避免造成插座或电线超负荷运行，甚至引发火灾。

避免“插座级联”

知识链接

国家质量监管部门要求自2017年4月14日起，对延长线插座强制执行新的国家标准。新国标要求排插身上改用五孔插口或和二孔插口搭配设计，而不再是我们熟悉的圆孔、扁孔、两头、三角等多种形态的组合。

新国标产品

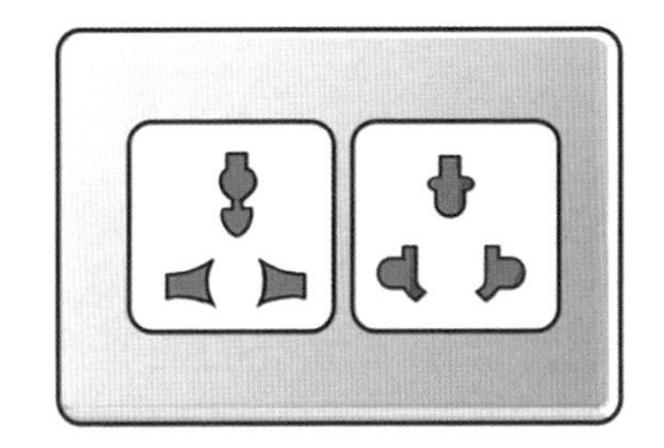

强制淘汰的产品

另外由于水和油烟都会对插座安全运行造成隐患，所以，对于热水器、抽油烟机等家用设备，要注意选择安装有防溅盒的插座。

防溅插座

◎ 认识家庭配电箱

家庭配电箱主要由箱体 + 低压电器（剩余电流保护器 + 断路器 + 电压保护器）组成。配电箱应清楚地标识各路空气开关所对应的负荷，以便配电箱出现问题需要维修时，可以直接找到相对应的设备。

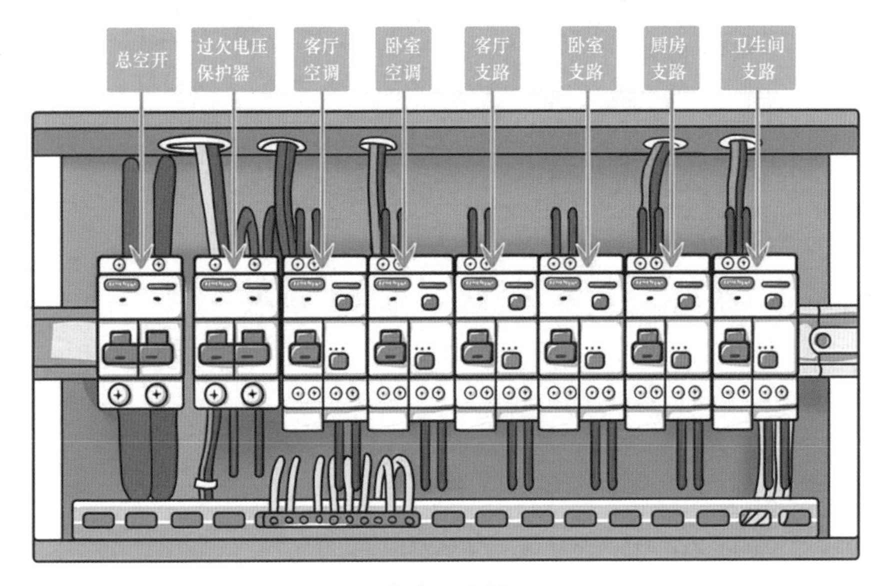

家庭配电箱

家庭生活安全用电

关于空调、电磁炉、烤箱等大功率用电设备的安全用电，注意要配置专用的大功率插座，避免和其他设备共用插座造成线路过载等问题。

其他手持式的电加热设备，如吹风机、电熨斗、卷发棒等，使用过程中一定要注意及时关闭电源，避免因设备持续工作引起过热造

成火灾等事故。

发热电器避免使用时间过长

手机充电安全小贴士

• 手在潮湿的时候不要操作充电器等带电物品。

• 手机避免长时间充电，不充电时要及时拔掉充电器，不然既造成电量浪费，还有一定的安全隐患。

• 要使用手机专用充电器，最好选购原装产品，不同型号手机充电器不要混用。

• 手机发热严重时，应尽快停止使用。手机充电时应尽量不要使用，这样既能保护电池，而且可以避免手机过热。

手机充电时避免重度使用造成发热

◎ **其他安全用电注意事项：**

• 及时断开电源

电饭煲、电磁炉、电热水壶等使用完或者人要离开时，一定要关掉总开关，有条件的应该拔掉插头，防止开关失灵。电器长时间通电既造成电量浪费，又会缩短电器寿命。

• 经常检查插头

要经常检查空调等电器插头和插座的接触是否良好，若空调在运行时电源引出线或插头出现异常高温，要及时关机并请专业人士协助检查。

• 规范使用电暖器

电暖器须选用带地线的三孔插座。电暖器上不应覆盖物品，使

用中要远离易燃物，并离墙有一定距离，避免热量不能及时散发造成烧机。

• 规范安装等电位端子箱

使用电热水器洗澡时避免很多事故的原因就是人们忽略的“等电位端子箱”。

卫生间的等电位端子箱一般设在洗脸盆下方，距地面 300mm 处。它保证人们在浴室内同时接触到的金属部分的电位一致。这样即使发生电气故障，浴室内的电位都是共同升高，不存在电位差，这样也能起到保护人身安全的作用。

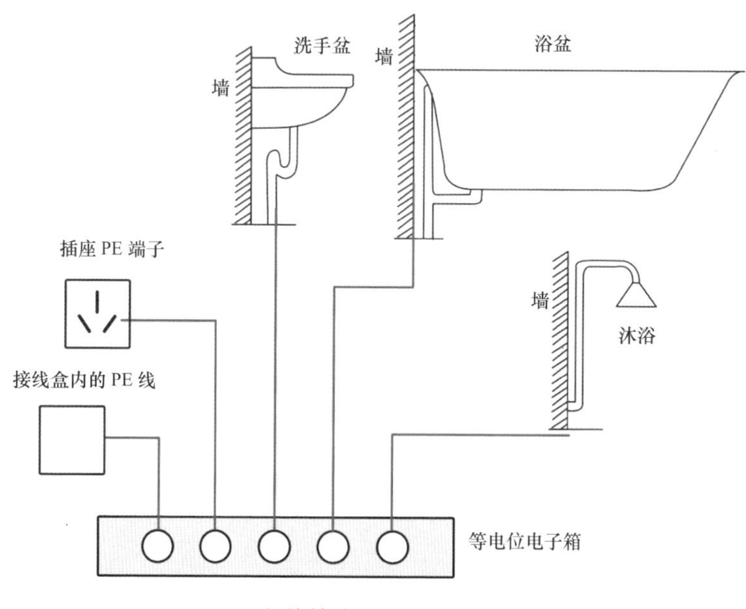

安装等电位电子箱

三、室外安全用电

高层建筑安全用电

早期的部分高层建筑没有设置备用电源或者双重电源供应，而且没有配置自备的应急电源，一旦停电可能会给居民带来不便和安全隐患。

地下配电室需要采取有效的抗震措施，提高结构稳定性，使其能够承受地震的冲击，从而降低安全风险，确保在地震灾害发生后能够正常运作。

配电室建设需要保证防水工艺的质量。在电缆接口部位，应该使用专业的防水封堵材料和工艺，而不是简单地采用防火封堵代替。对于高层住宅，即使电力竖井空间较小，也要按照标准要求进行防水封堵，防止雨水渗入，保障配电设备的安全运行，为居民提供可靠的电力供应。

电缆接口防水封堵

配电室位置选择时应充分考虑洪涝风险。在洪涝灾害易发地区，若配电室

建在地下，相关防涝条件不足，容易产生内涝和倒灌等问题。

景观设施安全用电

我们在小区或者广场经常看到喷泉、景观灯等，这些装置给我们的生活带来了一道亮丽的风景，同时如果不注意安全防护的话，也会存在一定的风险隐患。

喷泉的供电电压一般都是 220V/380V，由于长期运行在潮湿环境中，一旦喷泉的零部件或线路出现老化破损、接头脱落、设施不齐全等情况，很容易发生触电。

为确保公共场所景观灯的安全与美观，推荐采用强耐候性材料来保护电线，避免长期经受风吹日晒出现电线外露、外壳带电等问题，从而保障所有访客，特别是儿童的安全，让每个人都能安心享受美丽的景观照明。

农业生产安全用电

农业生产用电包括排灌用电和养殖用电等。其中排灌属于季节性用电，线路及设备空置时间较长，而且在田间地头抽水时，用电设备需要频繁移动且大多没有相对固定的位置和保护设施等，给排灌用电安全带来隐患。养殖用电同样存在着漏电、触电等安全隐患。

◎ 严禁私拉乱接

农业生产用电严禁私拉乱接；严禁使用挂钩线、地爬线和绝缘不合格的导线。

严禁私拉乱接

知识链接

根据《中华人民共和国电力法》《供电营业规则》等法律法规，挂钩用电属于“在供电企业的供电设施上，擅自接线用电”，是违法窃电行为！

◎ 做好安全防护

低压线路应安装剩余电流保护器，使用的导线、开关等应确保满足载流量要求；电动设备的电缆接线连接要固定可靠，设置明显标识，防止在使用过程中被绊拉踩压。

◎ 谨防触电事故

不要在水泵等设备工作区域内玩耍、活动，以防水泵在使用过程中出现线路破损，引发触电事故。若发现水泵在使用过程中出现线路破损漏电现象，应迅速切断电源，进行检查维修。

不要在设备工作区域内玩耍

四、屋顶安全用电

正确选择光伏设备

光伏电池板，也被称为太阳能电池板或太阳能板，是由许多光伏电池组成的设备，它的主要功能是将太阳能转化为电能。这些电池一般采用硅作为半导体材料，通常被包在防风雨的外壳内，并配有导线和接口，用来把电能储存起来或送到电网中。

国际上通过 IEC 61215（性能测试）和 IEC 61730（安全性评估）来评估电池板的性能和安全性。通过专业测试，其质量和性能可满足使用和安全需求。

选择认证产品

◎ 规范安装光伏发电系统

安装光伏发电系统时，我们需要注意以下方面的安全要点。

安装光伏发电系统

◎ **安装结构安全**

在安装光伏电池板时，需要确保所有的支撑结构和固定装置都能安全稳定地支撑住电池板。

◎ **合理布局**

在安装电池板时，要避免树影、建筑物影子等投射在电池板上，尽量选择光照充足且无遮挡物的位置。

◎ **防火措施**

光伏电池板和逆变器等设备应安装在远离可燃物的地方。电缆线应正确布置，且不能在易燃物附近或通过易燃物，同时要保证电缆有适当的绝缘措施。

不要在光伏设备附近放烟花

◎ **防电击措施**

所有的电气设备和电缆都应符合安全标准，并且安装在儿童不易接触的地方。另外，电气设备都应进行接地，以防电流泄漏引起的电击。

◎ **防风防雨措施**

在安装光伏电池板时，还需要考虑到风力和雨水的影响。所有的电池板和设备都应固定安装，以防被强风吹走或破坏，并对所有电气连接和设备做好防水处理。

◎ **防孤岛措施**

大风、暴雨等原因可能会导致光伏发电系统电路中断，这时系统产生的电力无法输入到电网，有极大的触电风险，这种情况称为“孤岛效应”。防孤岛保护装置能自动停止光伏系统的运行，确保安全。

要让光伏系统避免“孤岛效应”的问题，我们需要在购买光伏设备时，搭配上防孤岛设备。这种设备会实时检测光伏系统的状态，一旦发现系统出现了“孤岛效应”，它会迅速切断该系统与主网之间的连接以避免造成危害。这样我们的光伏系统就像有了一个保护伞，安全可靠。

以上便是关于光伏安全安装规范的一些主要内容，遵循这些规范不仅可以确保光伏电池板的正常运行，也可以保障我们的人身安全。

使用防孤岛保护装置

日常检查预防热斑

◎ **热斑怎么来的？**

某些情况下光伏板上会出现一块“发热的斑点”。这是因为光伏板中的所有电池单元都是串联工作，如果部分电池单元被树叶、鸟粪或灰尘等遮挡，无法接收太阳光，就会成为电路的“负载”，开始消耗电能。这会导致电能转化为热能，使被遮挡部分的温度升高，形成热斑现象。如果热斑所在的电池单元温度升得过高，可能会引发材料燃烧，甚至引起火灾。

预防热斑

◎ 如何避免热斑

保持光伏板的清洁是避免热斑生成的重要手段。灰尘、叶子、鸟粪等杂物可能会遮挡光线，定期清洁可减少阴影产生，防止热斑效应。

每月定期进行光伏发电系统的维护和检查，包括对电池板的输出功率、温度等参数进行监测和运维，发现异常，及时请厂商采取措施进行修复。

◎ 技术保障

在光伏电池板上加装旁路二极管和阻断二极管可有效降低热斑效应带来的安全隐患，保证光伏系统的安全和高效运行。

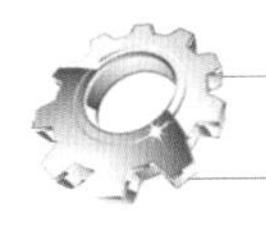

知识链接

旁路二极管的作用是为被遮挡组件一侧提供电流通路。当某一电池或电池组被遮挡或者发生故障，不能正常发电时，电流可以通过这个旁路二极管流动，避免在故障电池上形成热斑。

阻断二极管被安装在太阳能电池或电池组中，防止夜间或光照不足时外部的电流反向流入光伏板，造成电能损失和损坏电池板。

旁路二极管

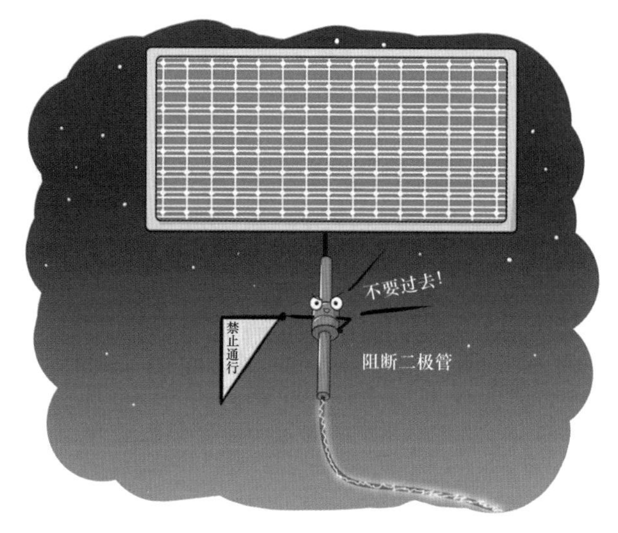

阻断二极管

有了这些措施，我们可以在很大程度上降低热斑效应带来的安全隐患，保证光伏系统的安全和高效运行。

五、出行安全用电

电动汽车的安全充电

越来越多的电动汽车、电动自行车正在进入我们的生活，而它们的“能源补给站”——充电桩也随之越来越常见。

电动汽车充电桩

当我们使用充电桩给电动车充电时，应遵循一些基本的安全规范，以确保我们自身和电动车的安全。

◎ **检查设备**

在插入充电插头之前，先检查充电桩和电动车的充电端口是否

干燥、清洁避免引发电气故障甚至火灾。

电动车充电前检查

◎ **遵守操作步骤**

按照充电桩的使用说明进行操作。这通常包括插拔充电线、设定充电时间、开启和结束充电等步骤。

◎ **妥善存放和使用充电线**

确保充电线远离步行区，避免人们绊倒。不使用时，要将其妥善收起放置，避免暴露在恶劣的天气条件下。

◎ **充电桩保养和维护**

定期对充电桩进行设备保养和检查，查看是否有损坏、磨损、腐蚀等情况，如果有问题，应及时维修或更换。

如果在使用过程中发现充电桩有异常的噪声、烟雾或者热度，应立即停止使用，并联系专业人员进行检查和修理。

充电桩维修保养

知识链接

电动汽车充电主要有快充和慢充两种方式。快充使用直流电，电压和电流高，可在短时间内快速充电，但频繁使用可能导致电池过热，加速老化。慢充使用交流电，电压和电流低，充电时间较长，但对电池损伤小，有利于电池健康和寿命。

所以，选择合适的充电方式至关重要。轻度放电时可选择快充，但避免过度使用影响电池寿命。严重放电时应采用慢充，让电池充分充电，以保持车辆性能。只有这样，我们的汽车才能保持良好的行驶性能。

电动自行车的安全充电

对于电动自行车的充电，需要注意一些安全事项。

◎ 使用正确的充电器

使用配套或专为电动自行车电池设计的充电器，避免电压、电流不匹配，导致电池损伤或短路。充电器应保持散热良好避免放在车内或被严密包裹，防止过热。

◎ 定期检查和更换电池

不同类型电池的使用寿命有明显的不同，铅酸电池寿命通常为一～两年，锂电池的寿命可以达到三～五年。应定期检查线路，排除隐患，防止电池老化和保护胶脱落引起短路。选择优质、散热性好的电池的使用，并及时更换，才能保持良好的行驶性能。

◎ 选择安全的充电地点和设施

充电时应将电动自行车停在通风、避免阳光直射和远离易燃物的地方。电动自行车应停放在车棚内统一管理，以避免电动自行车充电引发的爆炸或火灾。

电动自行车应停放到专用车棚内

我们应在充电桩处充电，不应在楼道内私接电线充电。若在楼道中充电，楼道空间狭窄且通风差，过度放电、过充、短路、高温、剧烈撞击都可能引发电动车电池起火，在家充电也很容易因家中空间有限引发火灾，因此在家里或楼道充电都是非常危险的。

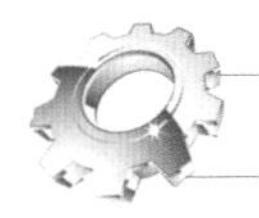

知识链接

《高层民用建筑消防安全管理规定》第三十七条规定：禁止在高层民用建筑公共门厅、疏散走道、楼梯间、安全出口停放电动自行车或者为电动自行车充电。

充电安全和效率同等重要

◎ 使用安全充电方式

使用非标准电线和插头进行飞线充电可能导致过热、短路或起火，裸露或不牢固的电线接口可能会导致电网短路，对电网设施造成损坏，甚至还可能引发触电事故。

因此，我们要坚决抵制飞线充电。在家中或公共场所，使用规范的电源设备和电力服务，减少资源浪费。如果发现他人使用飞线充电，及时报告给电力公司或相关部门，确保电力安全、规范使用。

不要飞线充电